9
10

Das kleine Wildkräuteralbum

Das kleine Wildkräuteralbum

Mit Illustrationen
von Otto Wilhelm Thomé

Servus DAS GROSSE KLEINE BUCH № 028

Einleitung

Der deutsche Botaniker Otto Wilhelm Thomé (1840–1925) beschäftigte sich zeit seines Lebens mit der Pflanzenwelt des Alpenraums. Sein Werk über die Flora von Deutschland, Österreich und der Schweiz galt als Standardwerk der Pflanzenkunde und erfreut mit seinen filigranen und wunderschön kolorierten Abbildungen auch heute noch eine breite Leserschaft. Die akkurat gestalteten Illustrationen zeugen dabei von Thomés außergewöhnlichen Beobachtungsgabe und Kunstfertigkeit und versetzen uns zugleich in eine Zeit, in der Wissenschaft und Kunsthandwerk Hand in Hand gingen, sich ergänzten und gegenseitig bereicherten.

In diesem Buch haben wir die schönsten Wildkräuter des Alpenraums aus Thomés Werken ausgewählt und mit kurzen, informativen Texten versehen. Entstanden ist ein wertvolles Buch, das altes Wissen und kunstvolle Handarbeit in Ihr Wohnzimmer bringt und abendliche Lesestunden zu einem einzigartigen Erlebnis macht.

Ihr Servus Buchverlag

Ackerwinde

(Convolvulus arvensis)

Die Ackerwinde gehört zu den Windengewächsen. Wie ihr Name verrät, windet sie sich an den Stängeln von größeren und robusteren Pflanzen wie Mais oder Getreideähren hoch. Die spitzen Blätter wachsen entlang des Stängels, die Trichterblüten sind entweder rosa, weiß oder in einem hellen Blau. Für den Betrachter hübsch anzusehen, ist sie den Bauern als lästiger Störenfried verhasst. Niedrig dosiert, wirken die Blätter und Blüten der Ackerwinde z. B. in Tees abführend und beugen Verstopfungen vor. Äußerlich angewandt, soll sie bei schlecht heilenden Wunden als Heilungsunterstützung dienen.

Standort: *auf Feldern, in der Nähe von bzw. an Nutzpflanzen*

Blütezeit: *Juni bis Oktober*

Sammelzeit: *Wurzeln: März/April und September/Oktober, blühendes Kraut: Juni bis August*

Verwendeter Pflanzenteil: *Blätter, Blüten, Kraut, Wurzel*

8

Blutwurz

(Potentilla tormentilla)

Die Blutwurz ist ein Rosengewächs und erhielt ihren Namen durch den im Wurzelstock enthaltenen roten Farbstoff, der im Mittelalter gegen Blutungen verwendet wurde. Die Blätter der Blutwurz sind durch ihren leicht gezackten Rand ganz einfach zu erkennen. Die Blüten zeigen sich meist zwischen Mai und Oktober und bestehen aus vier gelben Blütenblättern. Die Blutwurz kommt heute noch bei Entzündungen der Mundschleimhaut zum Einsatz, sie wirkt antibakteriell und entgiftend.

Standort: *auf Feldern, in der Nähe von bzw. an Nutzpflanzen*

Blütezeit: *Juni bis Oktober*

Sammelzeit: *Wurzeln: März/April und September/Oktober, blühendes Kraut: Juni bis August*

Verwendeter Pflanzenteil: *Blätter, Blüten, Kraut, Wurzel*

Brunnenkresse

(Nasturtium officinale)

– • –

Die Brunnenkresse, auch Bach- oder Bitterkresse genannt, liebt feuchte und wassernahe Böden. Durch ihre runden, fleischigen und glänzenden Blätter erkennbar, ist die Brunnenkresse vor allem an Flüssen und Seen zu finden. Sie ist auch im Herbst noch ein wichtiger Vitaminspender und bekämpft die Frühjahrsmüdigkeit. Salate bekommen durch die Brunnenkresse den gewissen Pfiff – sie schmeckt leicht scharf, regt die Verdauung an und wirkt bei Atemwegserkrankungen schleimlösend. Die Brunnenkresse ist in Teilen von Österreich unter Schutz gestellt.

Standort: *an Gewässern (Bäche, Seen …)*

Blütezeit: *Juni bis September*

Sammelzeit: *ganzjährig; April bis Mai*

Verwendete Pflanzenteile: *Blätter*

A
B

Echtes Johanniskraut

(Hypericum perforatum)

Das Johanniskraut gehört zur Familie der Johanniskrautgewächse. Die Lichtpflanze wird volkstümlich auch als Herrgottsblut bezeichnet, da beim Zerreiben der Blüten ein blutroter Saft austritt. Das Heilkraut blüht um den Johannistag (24. Juni), also rund um die Sommersonnenwende, in leuchtendem Goldgelb. Als Tee, Tinktur oder Öl kommt die bis zu ein Meter hohe Heilpflanze bei Nervosität, innerer Unruhe und depressiven Verstimmungen zum Einsatz. Johanniskrautöl wird auch gerne als Wundheilmittel eingesetzt. Das obere Drittel des blühenden Krauts wird dafür verwendet.

Standort: *sonnige, trockene und magere Böden*

Blütezeit: *Juni bis August*

Sammelzeit: *während der Blüte*

Verwendete Pflanzenteile: *Kraut*

Echtes Mädesüß

(Filipendula ulmaria)

– • –

Das Mädesüß gehört zur Familie der Rosengewächse. Flussufer, Bachausläufe, feuchte Wiesen und Felder bieten dem Beinkraut – wie es häufig genannt wird – ideale Bedingungen. Mädesüß kann bis zu 1,50 Meter hoch wachsen. Aus einem dicken Stängel bilden sich im oberen Teil der Pflanze verzweigte kleine Äste, an deren Ende die Rispen in Trugdolden angeordnet sind. Die aufgeblühten, wattig-weißen Blüten können in Form eines Aufgusses bei grippalen Infekten Erleichterung bringen. Die Mädesüßblätter sind leicht behaart und wachsen am unteren Teil der Pflanze buschiger als im oberen Bereich und können zu Tee verarbeitet werden. Bei Fieber und Schmerzen greift man häufig auf dieses altbewährte Hausmittel zurück.

Standort: *an Gewässern, auf feuchtem Boden*

Blütezeit: *Juni bis August*

Sammelzeit: *Blüten: Juni bis August*

Verwendete Pflanzenteile: *Blüten, Blätter*

2

Efeublättrige Gundelrebe

(Glechoma hederacea)

Die Gundelrebe wird auch Gundermann genannt und gehört zur Familie der Lippenblütler. Von Anfang März bis Ende Juli ist diese kriechende Pflanze vor allem an feuchten Wald- und Wiesenrändern zu finden. Erkennbar ist der Gundermann an seinen herz- bis nierenförmigen Blättern und den violetten Blüten. In der Küche wird das Kraut sowohl roh als auch gegart, getrocknet oder kandiert verwendet und soll bei entzündlichen Atemwegserkrankungen helfen. Das liegt vor allem an den in der Pflanze enthaltenen ätherischen Ölen, Gerbstoffen und Saponinen, denen eine antibakterielle und heilsame Wirkung zugesprochen wird.

Standort: *Wald*

Blütezeit: *April bis Juni*

Sammelzeit: *März bis Juni/Juli*

Verwendeter Pflanzenteil: *Kraut*

Feld-Quendel

(Thymus serpyllum)

Der Feld-Quendel ist eine auf Feldern wachsende Thymianart. Er breitet sich vor allem an steinigen und sonnig-heißen Plätzen aus und bleibt meist nur wenige Zentimeter hoch. Die kleinen ovalen Blätter recken sich nach oben und verbreiten einen angenehmen Duft. Die Blüten sind meist rosafarben bis violett und in Kugeln oder Ähren angeordnet. In der Naturheilkunde wird Quendel bei Atemwegserkrankungen, Verdauungsstörungen, Menstruationsbeschwerden und Schlafstörungen angewandt. Schon Hildegard von Bingen wusste um die Wirkung der „Quenula" Bescheid.

Standort: *sandige, steinige, sonnige Plätze*

Blütezeit: *Mai bis September*

Sammelzeit: *Mai bis September*

Verwendete Pflanzenteile: *Kraut und Blätter*

Frauenmantel

(Alchemilla vulgaris)

– • –

Der Frauenmantel gehört zu den Rosengewächsen. Die grüne, zarte Pflanze, die bis zu 50 Zentimeter groß werden kann, ist in der Volksmedizin seit jeher ein beliebtes Heilmittel für Frauenbeschwerden. Daher stammt auch sein Volksname „Allerfrauenheil". Die Blätter des Frauenmantels stehen in einer Rosette und sind sieben- bis neunfach gefaltet. Frühmorgens sammeln sich darin Guttationstropfen. Der Frauenmantel bildet oft ganze Teppiche, kommt aber auch vereinzelt vor. Ab Mai entwickeln sich kleine gelbe Blüten, die einen honigähnlichen Duft verströmen. Die Blätter und Blüten können für die Herstellung von Tees verwendet werden.

Standorte: *Wiesen und Weiden bis hoch in Mittelgebirgslagen, Bachufer*

Blütezeit: *Mai bis September*

Sammelzeit: *Frühjahr bis Herbst*

Verwendete Pflanzenteile: *Blätter und Blüten*

Gebräuchliche Engelwurz

(Angelica officinalis)

Die Engelwurz, auch Angelika genannt, gehört zur Familie der Doldenblütler. Sie kann bis zu zwei Meter groß werden und verströmt einen angenehm würzigen Geruch. Der Stängel der Engelwurz ist rund, leicht gerippt und innen hohl. An jener Stelle, wo der Stängel in die Erde ragt, leuchtet er purpurfarben. In der Volksmedizin kommt Engelwurz bei Verdauungsproblemen zum Einsatz. Wurzeln und Samen können verwendet werden. Geben Sie beim Sammeln acht, denn die Engelwurz kann leicht mit dem giftigen Wasserschierling verwechselt werden.

Standort: *schwere Böden und sonnige Orte*

Blütezeit: *Juli bis August*

Sammelzeit: *Wurzeln: Frühjahr oder Herbst, Samen: September und Oktober*

Verwendete Pflanzenteile: *Wurzeln und Samen*

Gebräuchliche Kuhblume

(Taraxacum officinale)

Der Löwenzahn gehört zur Familie der Korbblütler und ist sowohl auf Wiesen, an Wegrändern als auch am Waldrand zu finden. Im Frühling erfreuen sich Groß und Klein an dem herrlichen Gelb seiner Blüten. Die Kuhblume, wie sie in manchen Gegenden auch genannt wird, hat einen weißlich-grünen, hohlen Stängel und gezackte, längliche Blätter. Im Stängel ist eine weißliche Flüssigkeit enthalten. Nach kurzer Blütezeit verwandelt sich der Löwenzahn in eine mit Samen behangene Pusteblume, die bei Wind ihre Löwenzahnsamen verstreut. Die Blätter der Kuhblume sind als Salat besonders beliebt und auch wegen ihrer Bitterstoffe gefragt. Sie regen die Verdauung an und entschlacken.

Standort: *Wiesen, Wegränder, Wald*

Blütezeit: *Frühling*

Sammelzeit: *Blätter und Blüten: Frühling, Wurzel: Frühling oder Frühherbst*

Verwendeter Pflanzenteil: *Blätter, Blüten, Wurzel*

Gebräuchliche Melisse

(Melissa officinalis)

Die Melisse gehört zur Familie der Lippenblütler. Da sie beim Zerreiben nach Zitrone duftet, wird sie auch Zitronenmelisse genannt. Wenn das zarte Kraut im Frühling austreibt, ähnelt die Melisse zunächst der Taubnessel und der Minze. Die Melissenblätter sind eiförmig und am Rande eingekerbt. Im Hochsommer bilden sich weiße Lippenblüten zwischen den einzelnen Blattetagen. Die Volksheilkunde schätzt die besänftigende und beruhigende Wirkung der Melissenblätter. Das Heilkraut wird bei Herzbeschwerden, Frauenkrankheiten und innerer Unruhe empfohlen. Außerdem soll das Frauenkraut die Denkleistung erhöhen. Blätter und Blüten können verarbeitet werden.

Standort: *feuchte Böden und sonnige, windgeschützte Plätze*

Blütezeit: *Juni bis August*

Sammelzeit: *vor Blütebeginn*

Verwendete Pflanzenteile: *Blätter*

Gebräuchliches Eisenhart

(Verbena officinalis)

Eisenhart oder Eisenkraut war schon im alten Ägypten als Träne der Isis bekannt. An Mauern, auf Geröllplätzen oder am Wegesrand ist das Kraut mit den kleinen, rosafarbenen Blüten und den eingeschnittenen Blättern besonders häufig anzutreffen. Zur Ernte eignet sich die Zeit unmittelbar vor oder während der Blüte. Das frisch geerntete oder getrocknete Kraut kann als Tee Stoffwechsel und Verdauung fördern. Zur äußeren Anwendung kommt das Eisenkraut zumeist bei kleinen Wunden.

Standort: *Weg- und Feldrand, Mauern und Geröllplätze*

Blütezeit: *Juli bis September*

Sammelzeit: *Juli bis September*

Verwendete Pflanzenteile: *blühendes Kraut*

Gemeine Petersilie

(Petroselinum crispum)

– • –

Die Petersilie zählt – wie auch der Fenchel – zu den Doldenblütlern. Das Kraut ist ganz einfach zu erkennen: Seine zackigen Blätter sind in einem großen Kräuterbuschen angeordnet. Zur Blütezeit sind den Stängeln in Dolden angeordnete kleine Blüten aufgesetzt. In der Küche hat die Petersilie schon seit Jahrhunderten ihren Platz. Sie wirkt harntreibend und entschlackend.

Standort: *nährstoffreicher, leicht feuchter Boden in sonnig-halbschattiger Lage*

Blütezeit: *Juni bis Juli*

Sammelzeit: *April bis Oktober*

Verwendeter Pflanzenteil: *Blätter, Samen, Wurzel*

Gemeiner Beinwell

(Symphytum officinale)

Der Beinwell gehört zur Familie der Raublattgewächse, da die kräftigen, grünen Blätter borstig und rauhaarig sind. Beinwell kann bis zu einem Meter groß werden. Ab Anfang Mai beginnt er bereits zu blühen. Die dunkelrosa bis violetten Blütenkelche wölben sich nach unten. In der Volksmedizin gilt Beinwell als Knochenheiler. Bereits früh erkannte man seine schmerzstillende Wirkung. Beinwell soll aber nur äußerlich angewandt werden. Daher empfehlen sich Salben und Einreibungen aus Wurzeln und Blüten. Wenn Gartenpflanzen mit einer Beinwelljauche gedüngt werden, wachsen sie besonders gut.

Standort: *feuchte Plätze, am liebsten Lehmböden*

Blütezeit: *Mai bis Juli*

Sammelzeit: *Wurzel: Jänner bis März nach der Schneeschmelze, Blätter: April bis Mai*

Verwendete Pflanzenteile: *Wurzeln und Blüten*

Gemeiner Giersch

(Aegopodium podagraria)

Der Giersch gehört zur Familie der Doldenblütler und wird landläufig auch Dreiblatt oder Erdholler genannt. Man findet ihn in Auwäldern, Hecken und auf freien Wiesenflächen. Die Pflanze setzt sich aus einem hohlen, dreikantigen Stängel und den doppelt-dreizahnigen Blättern zusammen. Ausgewachsen kann er eine Höhe von 90 Zentimetern erreichen. Aus den Dolden samt Gipfelblüten mit dem markanten weißen Rand entwickeln sich eiförmige, glatte Früchte. In der Küche ist das Dreiblatt als Salatpflanze beliebt und wirkt roh verzehrt entschlackend. Als Tee kommt er häufig bei Gicht und Rheuma zum Einsatz. Vorsicht: Die Wurzeln des Gierschs sind giftig.

Standort: *feuchte und schattige Orte*

Blütezeit: *Juni bis August*

Sammelzeit: *Frühling*

Verwendeter Pflanzenteil: *Blätter*

Gemeiner Huflattich

(Tussilago farfara)

Der Huflattich gilt als sehr genügsame Pflanze, bevorzugt allerdings ton- und lehmhaltige Böden und sonnige Plätze. Der Stängel des Huflattichs ist meist weißlich oder rötlich und schuppig. Die Blüten sind knallig gelb und wandeln sich – wie der Löwenzahn – in Pusteblumen. Es sind die Blätter, von denen der Huflattich seinen Namen erhalten hat: Sie erinnern an Pferdehufe und sind an der Unterseite behaart. Ein Tee aus den Blättern des Huflattichs kann bei Husten eine Hilfe sein.

Standort: *ton- oder lehmhaltige Böden, sonnige Plätze*

Blütezeit: *Februar bis April*

Sammelzeit: *Mai*

Verwendete Pflanzenteile: *Blätter*

Gemeiner Liebstöckel

(Levisticum officinale)

Liebstöckel, auch Maggikraut genannt, gehört zu den Doldenblütlern. Er fühlt sich vor allem auf sandigem Boden wohl, kann sich aber auch anderen Bodenbedingungen anpassen. Im Sommer bilden sich am Ende der kräftigen Stängel Dolden aus, die Blüten sind zierlich und filigran. Das beliebte Suppengewürz wird hauptsächlich aus den Blättern des Liebstöckels gewonnen. Aber auch Samen und Wurzeln können zu Tees oder Tinkturen verarbeitet werden. Liebstöckel wirkt stoffwechselfördernd und harntreibend.

Standort: *sandige Böden*

Blütezeit: *Juli bis August*

Sammelzeit: Blätter: *April bis Juli, Wurzel: Frühjahr oder Spätherbst, Samen: Spätsommer*

Verwendeter Pflanzenteil: *Blätter, Wurzel und Samen*

Gemeiner Portulak

(Portulaca oleracea)

– • –

Portulak fühlt sich auf sandigem, stickstoffreichem Boden besonders wohl. Man findet ihn an sonnigen, warmen Plätzen in Gärten, an Feld- und Wegrändern sowie auf Geröllplätzen. An den runden Stängeln wachsen eiförmige, dicke, bis zu zwei Zentimeter lange Blätter. Der Portulak schmiegt sich dem Boden an und breitet sich sternförmig aus. Die kleinen gelben Blüten sind eher unauffällig. Im Sommer ist der Portulak eine beliebte Salatpflanze. Die jungen Blätter können roh oder gegart verspeist werden und enthalten einen hohen Anteil an wertvollen Omega-3-Fettsäuren und Vitamin C.

Standort: *sonnige, warme Plätze, auf stickstoffreichem, sandigem Boden; Feldrand, Geröllplätze*

Blütezeit: *ab Juli*

Sammelzeit: *Juni bis September*

Verwendeter Pflanzenteil: *Kraut*

Große Brennnessel

(Urtica dioica)

– • –

Die Große Brennnessel kann eine Höhe von 150 Zentimetern erreichen und ist an ihren länglichen, herzförmigen, spitz zulaufenden und grob gesägten Blättern zu erkennen. Stängel und Blätter sind mit Brennhaaren besetzt, die bei Kontakt mit der Haut ein leichtes Brennen hervorrufen. Ihre Blüten sind klein und unscheinbar. Die Brennnessel wird oft als Dünger verwendet. Als Salat, in der Suppe, als Spinat oder Tee ist die Brennnessel eine gute Eisenquelle und enthält Vitamin E. Sie wirkt harntreibend und hilft bei Arthritis, rheumatischen Erkrankungen und Prostataleiden. Sie gilt als stoffwechselanregend und blutreinigend.

Standort: *stickstoffreicher Boden, in der Nähe von Misthaufen, bei Zäunen und Geröllplätzen*

Blütezeit: *Juni bis September*

Sammelzeit: *März bis August*

Verwendeter Pflanzenteil: *vornehmlich Blätter*

8
9
5
6

Holunder

(Sambucus nigra)

– • –

Der Schwarze Holunder gehört zur Gattung der Moschuskrautgewächse und ist in Wald- und Auwäldern zu finden. Der Holunderbusch wächst relativ schnell und kann eine Höhe von bis zu zehn Metern erreichen. Seine weißen Blüten und seine schwarz-roten Beeren sind bei Köchen und Köchinnen sehr beliebt. Bei Erkältungen kommt er auch als Heilmittel zum Einsatz.

Standort: *Laub- und Auwälder*

Blütezeit: *Juni bis Juli*

Sammelzeit: *Blüten: Juni bis Juli, Beeren: August bis September, Rinde: Februar bis April*

Verwendeter Pflanzenteil: *Blüten, Beeren, Blätter, Rinde*

Kleber

(Galium aparine)

Das Klettenlabkraut, auch Kleber genannt, hat im Unterschied zum Echten Labkraut weiße Blüten und schmal zulaufende Blätter. Mit kleinen Stacheln an den sich waagerecht ausbreitenden Ästen hält es sich an den umstehenden Pflanzen fest. Mit dieser Technik kann es eine Höhe von über einem Meter erreichen. Aus den kleinen sternförmigen Blüten des Klettenlabkrauts entstehen kleine Kletten, deren Samen von Mensch und Tier verbreitet werden.

Standort: *stickstoff- und phosphathaltige Böden, lehmige Böden; Auwälder, Äcker*

Blütezeit: *Juni bis Oktober*

Sammelzeit: *Juni bis August*

Verwendeter Pflanzenteil: *blühendes Kraut*

Kriechender Günsel

(Ajuga reptans)

– • –

Der Kriechende Günsel ist ein hübscher, bläulich-violett blühender Lippenblütler. Vom ab Mai rasch austreibenden Stängel gehen kleine gewellte Blätter ab, die in der Natur- und Volksmedizin ihre Anwendung finden. Als Tee oder Tinktur verspricht der Kriechende Günsel gegen Mund-, Rachen- und Magenentzündungen Besserung. Bei Geschwüren sollen Bäder oder Wickel Linderung verschaffen.

Standort: *schattige Plätze, Wald*

Blütezeit: *April bis Juni*

Sammelzeit: *Mai bis Juni*

Verwendeter Pflanzenteil: *Kraut*

Gewöhnliches Leinkraut

(Linaria vulgaris)

Das Leinkraut gehört zu den Wegerichgewächsen und liebt sandige Böden. Häufig findet man das auch unter dem Namen Frauen-Flachs bekannte Kraut an Weg- und Feldrändern oder bei Geröllplätzen. Die Blüten des Leinkrauts sind in Trauben strukturiert und befinden sich am Ende eines langen, schmalen Stängels. Die Blätter des Krauts gehen wechselständig davon ab. Die Blüten sind gelb und haben einen orangen Kern.

Standort: *sandige Böden, Bahndämme, Weg- und Feldränder, Kies- und Geröllplätze*

Blütezeit: *Mai bis Oktober*

Sammelzeit: *Juli bis September*

Verwendeter Pflanzenteil: *blühendes Kraut*

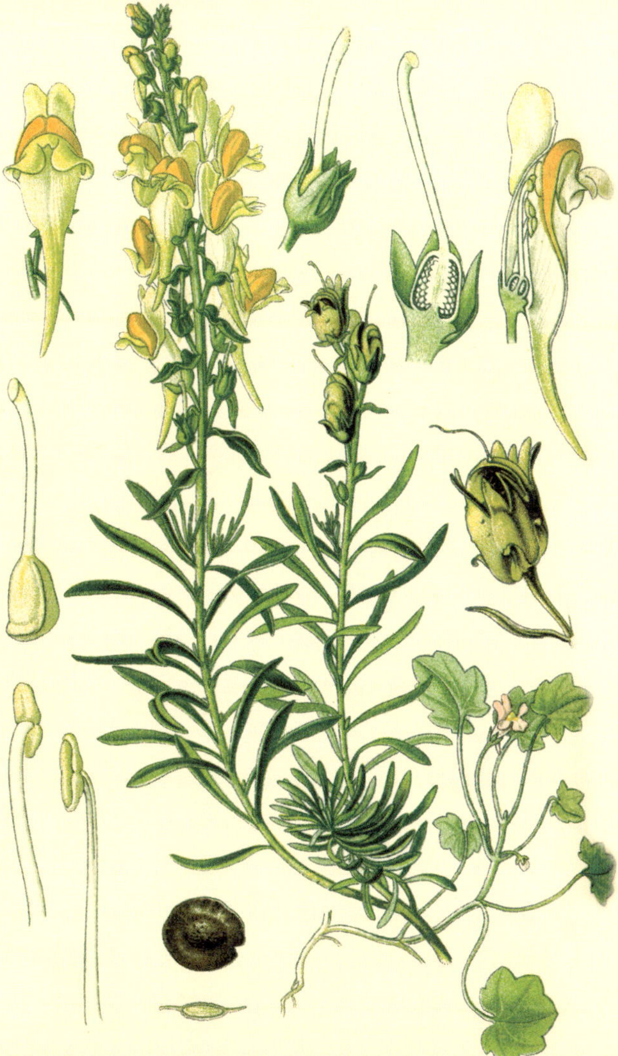

Rote Taubnessel

(Lamium purpureum)

– • –

Die Rote Taubnessel ähnelt in der Zeit vor der Blüte der Brennnessel. Die Blätter der Taubnessel haben allerdings keine „brennenden" Härchen, wie das bei der Brennnessel der Fall ist. Auch die Blüten unterscheiden sich von der Nessel-Schwester. Die Rote Taubnessel hat rote, sich am Stängel sammelnde Blüten. Häufig findet man Taubnesseln mit gold-gelblichen Blüten. Äußerlich angewendet, sollen die Taubnesselblätter bei der Heilung von Ekzemen und Wunden unterstützen.

Standort: *Weg- und Feldränder, Hecken*

Blütezeit: *April bis Oktober*

Sammelzeit: *Mai bis Juni*

Verwendete Pflanzenteile: *Blüten, Kraut*

Rotklee

(Trifolium pratense)

Der Rotklee wird auch Wiesenklee genannt. Er gehört zur Unterfamilie der Schmetterlingsblütler und wächst bevorzugt auf unseren heimischen Wiesen. Es bildet sich zunächst eine Blattrosette, aus der ein bis zu 50 Zentimeter hoher Stängel wächst. Meist hat der Klee drei Blätter, vierblättrige Kleeblätter gibt es nur äußerst selten. Die roten Blütenköpfe erreichen einen Durchmesser von zwei bis drei Zentimetern und locken dank ihres Nektars Bienen und Schmetterlinge an. Von der Volksheilkunde, aber auch von der Schulmedizin wird Rotklee in den Wechseljahren eingesetzt. Die im Klee enthaltenen Isoflavone gelten nämlich als natürliche Hormone.

Standort: *Fettwiesen, Felder und lichte Wälder*

Blütezeit: *April bis Oktober*

Sammelzeit: *Mai bis September*

Verwendete Pflanzenteile: *Blüten*

Schafgarbe

(Achillea millefolium)

Die Schafgarbe gehört zur Familie der Korbblütler und wird auch Frauenkraut oder Tausendblatt genannt. Der markhaltige Stängel trägt weiße, manchmal sogar leicht rosa Blüten. Man findet sie vor allem an sonnigen und trockenen Plätzen, an Wiesen, Feld- und Wegesrändern. In der Naturmedizin kommt sie bei Verdauungs- und Menstruationsbeschwerden zum Einsatz. Auch bei Durchblutungsstörungen und geschwollenen Füßen kann die Schafgarbe Linderung verschaffen.

Standort: *sonnige und trockene Plätze, Wiesen, Wegränder*

Blütezeit: *Juni bis Oktober*

Sammelzeit: *Hochsommer*

Verwendeter Pflanzenteil: *Kraut*

Schöllkraut

(Chelidonium majus)

– • –

Das Schöllkraut ist eine traditionsreiche, heute nur noch selten angewendete Heilpflanze. Das Kraut findet sich häufig in der Nähe von Siedlungen und in Gärten. Es findet sich überall zurecht, ist anspruchslos, was die Bodenverhältnisse angeht, und gedeiht sowohl an sonnigen als auch an halbschattigen Plätzen. Gärtner empfinden die hübsche, gelb blühende Pflanze zumeist als Unkraut. Schöllkraut ist Bestandteil von Gallen- und Lebertees. Äußerlich angewandt werden Schöllkrautsalben oder der Schöllkrautsaft bei Warzen oder Hautirritationen.

Standort: *sonnige und halbschattige Plätze*

Blütezeit: *Mai bis Juli*

Sammelzeit: *Mai bis Juli*

Verwendeter Pflanzenteil: *blühendes Kraut, Wurzelsaft*

Schmalblättriges Weidenröschen

(Epilobium angustifolium)

– • –

Das Weidenröschen gehört zur Familie der Nachtschattengewächse, bevorzugt feuchte Böden und tritt daher vermehrt an Flüssen, Seen und auf Waldböden auf. Am langen, runden Stängel wachsen länglich-schmale Blätter. Die Blüten des Weidenröschens sind meist rosa und bestehen aus vier eingekerbten Blüten. Will man das Kraut mit nach Hause nehmen, schneidet man es einfach knapp über dem Boden ab. Als Heilmittel kommt es vor allem bei Prostatabeschwerden zum Einsatz.

Standort: *Seeufer, an Fluss- und Bachbetten, Wald*

Blütezeit: *Juli bis September*

Sammelzeit: *Juli bis September*

Verwendete Pflanzenteile: *Kraut*

Wohlriechendes Veilchen

(Achillea millefolium)

Das Wohlriechende Veilchen wird auch Duft- oder Märzveilchen genannt und gehört zur Familie der Veilchengewächse. Man erkennt es an den herzförmigen Blättern und den dunkelvioletten, süßlich duftenden Blüten. In der Antike galt das Veilchen sogar als heilige Blume. In der Naturheilkunde wird es gegen Husten und Bronchitis eingesetzt. Frische Veilchenblüten sind essbar und sorgen für innere Ruhe. Sowohl das Kraut, die Blüten als auch die Wurzeln können verarbeitet werden. Geben Sie acht bei der Verarbeitung der Wurzeln, diese wirken in höherer Dosierung als Brechmittel.

Standort: *lichte Waldränder und kühle, halbschattige Plätze*

Blütezeit: *März bis Mai*

Sammelzeit: *Blüten/Kraut: März bis April,*
Wurzeln: September bis Oktober

Verwendete Pflanzenteile: *Blüten, Kraut und Wurzeln*

Über den Illustrator

Otto Wilhelm Thomé war ein einflussreicher deutscher Botaniker. Seine 1885 veröffentlichte Sammlung botanischer Zeichnungen, die „Flora von Deutschland, Österreich und der Schweiz in Wort und Bild für Schule und Haus“, machte ihn bekannt.

FSC
www.fsc.org
MIX
Papier aus verantwortungsvollen Quellen
FSC® C012536

Gesetzt aus der Minion Pro und Monotype Corsiva

Medieninhaber, Verleger und Herausgeber:
Red Bull Media House GmbH
Oberst-Lepperdinger-Straße 11–15
5071 Wals bei Salzburg, Österreich

Abbildungen aus dem Buch: Flora von Deutschland Österreich und der Schweiz / Otto Wilhelm Thomé / www.BioLib.de
Druck: Druckerei Theiss
Umschlaggestaltung: Frank Behrendt, Conny Laue
Umschlagsabbildung: Otto Wilhelm Thomé
Printed in Austria
ISBN 978-3-7104-0054-4

1 2 3 4 5 6 7 8 / 18 17 16 15

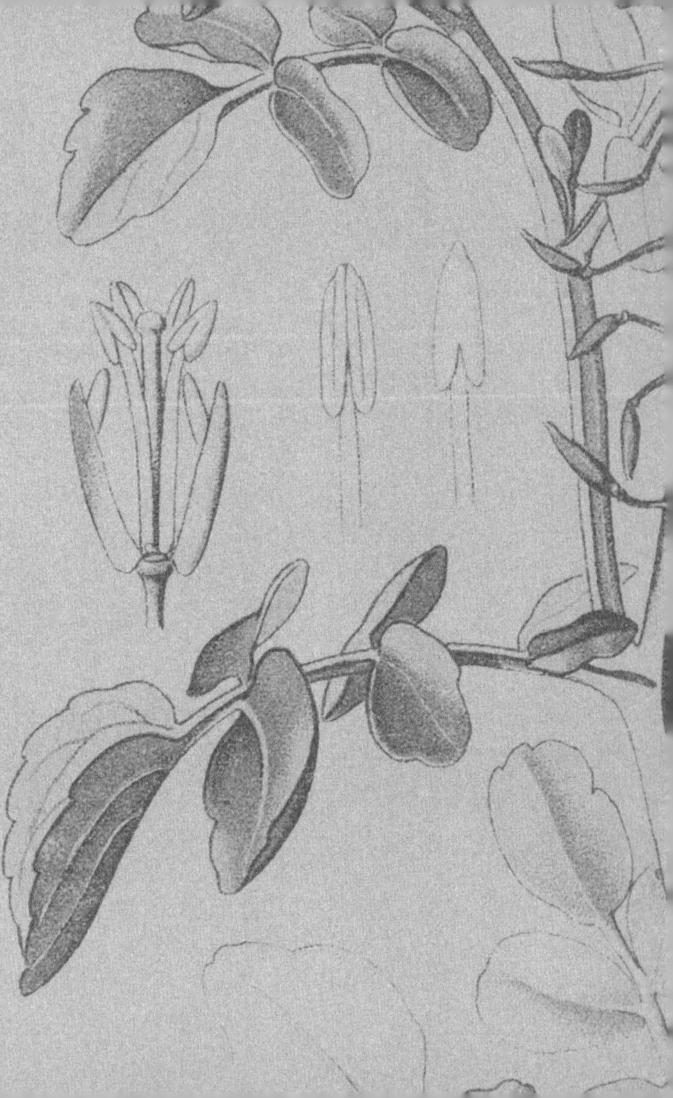